FU BIAN HAN SHU XI TI CE

主　编　　郝晓红　秦铭灿　徐　铭
副主编　　宋　娟　史　莹　谢东芳

复变函数习题册

江苏大学出版社
JIANGSU UNIVERSITY PRESS
镇　江

图书在版编目(CIP)数据

复变函数习题册 / 郝晓红，秦铭灿，徐铭主编. 镇江 ：江苏大学出版社，2025. 6. -- ISBN 978-7-5684-2556-8

Ⅰ. O174.5-44

中国国家版本馆 CIP 数据核字第 2025M1M717 号

复变函数习题册

Fubian Hanshu Xitice

主　　编/郝晓红　秦铭灿　徐　铭
责任编辑/张小琴
出版发行/江苏大学出版社
地　　址/江苏省镇江市京口区学府路 301 号(邮编：212013)
电　　话/0511-84446464(传真)
网　　址/http://press.ujs.edu.cn
排　　版/镇江文苑制版印刷有限责任公司
印　　刷/镇江文苑制版印刷有限责任公司
开　　本/787 mm×1 092 mm　1/16
印　　张/6.75
字　　数/78 千字
版　　次/2025 年 6 月第 1 版
印　　次/2025 年 6 月第 1 次印刷
书　　号/ISBN 978-7-5684-2556-8
定　　价/29.80 元

如有印装质量问题请与本社营销部联系(电话：0511-84440882)

前　言

本书内容适用于应用型本科院校，符合理工类本科数学基础课程教学的基本要求，是苏州城市学院数学系教师多年教学经验的总结，凝聚了每一位数学教师的智慧。全书共5章，书后配有3套复变函数复习题供学生进行期末复习，其中，带“＊”的题目可选做。

本书由苏州城市学院基础教学部数学系郝晓红、秦铭灿、徐铭、宋娟、史莹、谢东芳等教师共同编写，全书由郝晓红统稿。在此，感谢苏州城市学院数学系每一位数学教师的辛勤付出，还要感谢苏州城市学院教务处、基础教学部和江苏大学出版社对本书的出版给予的大力支持。

由于编者水平有限，书中难免存在一些值得商榷的地方，恳请各位使用本书的教师和同学批评指正，不胜感激。

编　者

2025年4月

目　　录

班级________________ 姓名________________ 学号________________

第一章　复数与复变函数

习题 1.1　复数

一、求下列复数 z 的实部与虚部、共轭复数、模与辐角.

1. $z=\frac{1}{i}-\frac{3i}{1-i}$;

2. $z=i^8-4i^{21}+i$.

二、当 x,y 等于什么实数时，等式 $\frac{x+1+i(y-3)}{5+3i}=1+i$ 成立？

三、将下列复数化为三角表达式和指数表达式.

1. $\dfrac{2\mathrm{i}}{-1+\mathrm{i}}$；

2. $\dfrac{(\cos 5\varphi+\mathrm{i}\sin 5\varphi)^2}{(\cos 3\varphi-\mathrm{i}\sin 3\varphi)^3}$.

四、证明$|z_1+z_2|^2+|z_1-z_2|^2=2(|z_1|^2+|z_2|^2)$，并说明其几何意义.

五、指出下列各题中点 z 的轨迹或所在范围，并作图.

1. $|z+2\mathrm{i}|\geqslant 1$；

2. $\mathrm{Re}(\mathrm{i}\bar{z})=3$；

3. $\left|\dfrac{z-3}{z-2}\right|\geqslant 1$.

六、求下列各式的值.

1. $(\sqrt{3}-\mathrm{i})^5$；

2. $(1-\mathrm{i})^{1/3}$.

七、如果 $z=e^{it}$，证明：

1. $z^n+\dfrac{1}{z^n}=2\cos nt$；

2. $z^n-\dfrac{1}{z^n}=2i\sin nt$.

八、若 $(1+i)^n=(1-i)^n$，试求 n 的值.

九、求方程 $z^3+8=0$ 的所有根.

班级________________ 姓名________________ 学号________________

习题 1.2 区域

一、描出下列不等式所确定的区域或闭区域，并指明它是有界的还是无界的，是单连通的还是多连通的.

1. $\operatorname{Im} z>0$；

2. $|z-1|>4$；

3. $2\leqslant|z|\leqslant3$；

4. $z\bar{z}-(2+\mathrm{i})z-(2-\mathrm{i})\bar{z}\leqslant4$.

习题 1.3　复变函数

一、将下列方程给出的曲线用一个实直角坐标方程表出(其中,t 为实数参数).

1. $z=t(1+\mathrm{i})$;

2. $z=t^2+\dfrac{\mathrm{i}}{t^2}$;

3. $z=a\mathrm{e}^{\mathrm{i}t}+b\mathrm{e}^{-\mathrm{i}t}$.

二、函数 $w=\dfrac{1}{z}$ 把下列 z 平面上的曲线映射成 w 平面上怎样的曲线?

1. $x^2+y^2=4$;

2. $x=1$；

3. $(x-1)^2+y^2=1$.

三、已知映射 $w=z^3$，求：

1. 点 $z_1=\mathrm{i}, z_2=1+\mathrm{i}, z_3=\sqrt{3}+\mathrm{i}$ 在 w 平面上的象；

2. 区域 $z_1=\mathrm{i}, z_2=1+\mathrm{i}, z_3=\sqrt{3}+\mathrm{i}$ 在 w 平面上的象.

习题 1.4　复变函数的极限和连续

一、设 $f(z)=\frac{1}{2\mathrm{i}}\left(\frac{z}{\bar{z}}-\frac{\bar{z}}{z}\right)$, $z\neq 0$.

试证：当 $z\to 0$ 时，$f(z)$的极限不存在.

班级________________ 姓名________________ 学号________________

第一章习题课

一、设 $z_1=5-5\mathrm{i}$，$z_2=-3+4\mathrm{i}$，求$\dfrac{z_1}{z_2}$与$\overline{\left(\dfrac{z_1}{z_2}\right)}$.

二、计算下列各题.

1. $\left(\dfrac{1+\mathrm{i}}{1-\mathrm{i}}\right)^7$；

2. $(1-\mathrm{i})^{100}+(1+\mathrm{i})^{100}$；

3. $\sqrt[4]{1+\mathrm{i}}$；

4. $\sqrt[5]{-3+\mathrm{i}}$.

三、求下列复数的模和辐角.

1. $z=-3-\mathrm{i}$；

2. $z=\dfrac{5}{3+4\mathrm{i}}$；

班级＿＿＿＿＿＿＿＿　姓名＿＿＿＿＿＿＿＿　学号＿＿＿＿＿＿＿＿

3. $z=\frac{(3+4i)(2-5i)}{2i}$.

四、求下列方程所表示的曲线.

1. $|z+i|=2$；

2. $|z-2i|=|z+2|$.

五、将下列复数表示成三角形式和指数形式.

1. -1；

2. i；

3. $\sin\frac{\pi}{5}+\mathrm{i}\cos\frac{\pi}{5}$；

4. $-1+\mathrm{i}$.

六、指明下列不等式所确定的区域是有界的还是无界的，是单连通的还是多连通的.

1. $\left|\frac{1}{z}\right|<3$；

2. $|\arg z|<\frac{\pi}{3}$；

3. $|z-1|+|z+1|<4$.

七、函数 $w=\frac{1}{z}$ 将 z 平面上的直线 $x=1$ 变成 w 平面上的何种曲线？

八、判断下列函数极限是否存在.若存在,求其极限.

1. $\lim\limits_{z\to 0}\dfrac{\mathrm{Re}\,z}{|z|}$;

2. $\lim\limits_{z\to 2\mathrm{i}}\dfrac{z-2\mathrm{i}}{z(4+z^2)}$.

班级________________ 姓名________________ 学号________________

第二章　解析函数

习题 2.1　解析函数的概念与柯西-黎曼方程

一、下列函数在何处可导？在何处解析？

1. $f(z)=x^2-\mathrm{i}y$；

2. $f(z)=xy^2+\mathrm{i}x^2y$.

二、求下列函数的解析区域，并求出其导数.

1. $f(z)=(z-1)^5$；

2. $f(z)=z^3+2\mathrm{i}z$；

3. $f(z)=\dfrac{1}{z^2-1}$；

4. $f(z)=\dfrac{az+b}{cz+d}$(c,d 中至少有一个不为 0).

三、求下列函数的奇点.

1. $f(z)=\dfrac{z+1}{z(z^2+1)}$；

2. $f(z)=\dfrac{z-2}{(z+1)^2(z^2+1)}$.

四、设 $my^3+nx^2y+\mathrm{i}(x^3+lxy^2)$ 为解析函数,试确定 l,m,n 的值.

五、如果 $f(z)=u+\mathrm{i}v$ 是 z 的解析函数,证明:

$$\left(\frac{\partial}{\partial x}|f(z)|\right)^2+\left(\frac{\partial}{\partial y}|f(z)|\right)^2=|f'(z)|^2.$$

习题 2.2　初等函数

一、求解下列方程.

1. $\sin z=0$；

2. $1+e^z=0$；

3. $\sin z+\cos z=0$.

二、求 $\text{Ln}(-i)$，$\text{Ln}(-3+4i)$ 和它们的主值.

班级________________ 姓名________________ 学号________________

三、求下列各式的值.

1. $e^{1-i\frac{\pi}{2}}$；

2. $e^{\frac{1+i\pi}{4}}$；

3. 3^{i}；

4. $(1+i)^{i}$.

四、证明：

1. $\mathrm{Ln}\left(\frac{z_1}{z_2}\right)=\mathrm{Ln}\ z_1-\mathrm{Ln}\ z_2$；

2. $(z^a)'=az^{a-1}$，其中 a 为实数.

五、说明下列等式是否正确.

1. $\overline{\mathrm{e}^z}=\mathrm{e}^{\overline{z}}$；

2. $\mathrm{Ln}\ z^2=2\mathrm{Ln}\ z$.

班级________ 姓名________ 学号________

第二章习题课

一、函数 $f(z)=xy^2+\mathrm{i}x^2y$ 在何处可导？在何处解析？

二、指出下列函数的解析区域，并求出其导数.

1. $f(z)=z^4-3\mathrm{i}z^2$；

2. $f(z)=\dfrac{2}{z^2+1}$.

三、求下列各式的值及相应的主值.

1. Ln 2；

2. $\mathrm{Ln}(-1)$;

3. $\mathrm{Ln}(3-4\mathrm{i})$.

四、计算下列各式的值.

1. $\mathrm{e}^{-\frac{\pi}{3}\mathrm{i}}$;

2. $\mathrm{e}^{2+\mathrm{i}\pi}$;

3. $e^{\frac{\pi}{4}i}$；

4. Ln(1－i)；

5. Ln(i)；

6. cos(－i)；

7. $\sin(1+2\mathrm{i})$;

8. $1^{\sqrt{2}}$;

9. $(1-\sqrt{3}\,\mathrm{i})^{1+\mathrm{i}}$;

10. i^{i}.

第三章　复变函数的积分

习题 3.1　复变函数积分的概念

一、沿下列路线计算积分 $\int_0^{3+i} z^2 dz$.

1. 自原点至 3＋i 的直线段；

2. 自原点沿实轴至 3，再由 3 沿竖直方向向上至 3＋i；

3. 自原点沿虚轴至 i，再由 i 沿水平方向向右至 3+i.

二、分别沿 $y=x$ 与 $y=x^2$ 计算积分 $\int_0^{1+i}(x^2+iy)dz$ 的值.

习题 3.2 柯西-古萨基本定理

一、计算积分 $\oint_C \frac{\bar{z}}{|z|}\mathrm{d}z$ 的值，其中 C 为正向圆周.

1. $|z|=2$；

2. $|z|=4$.

二、计算下列积分的值,其中 C 为正向圆周 $|z|=1$.

1.$\oint_C \frac{\mathrm{d}z}{z-2}$;

2.$\oint_C z\mathrm{e}^2\mathrm{d}z$.

三、沿指定曲线的正向计算下列各积分.

1. $\oint_C \frac{z\,dz}{z-3}$, $C: |z|=2$;

2. $\oint_C z^3 \cos z\,dz$, C 为包围 $z=0$ 的闭曲线.

习题 3.3 原函数与不定积分

一、计算下列各题.

1. $\int_{-\pi i}^{3\pi i} e^{2z}\,dz$；

2. $\int_{-\pi i}^{\pi i} \sin^2 z\,dz$；

3. $\int_0^1 z\sin z\,\mathrm{d}z$；

4. $\int_0^{\mathrm{i}} (z-\mathrm{i})\mathrm{e}^{-z}\,\mathrm{d}z$.

习题 3.4　基本定理的推广——复合闭路定理

一、设 C 为正向圆周 $|z|=1$，计算 $\oint_C \frac{\mathrm{d}z}{z-\frac{1}{2}}$.

二、证明：当 C 为任何不通过原点的简单闭曲线时，$\oint_C \frac{1}{z^2}\mathrm{d}z=0$.

习题 3.5　柯西积分公式

一、沿指定曲线的正向计算下列各积分.

1. $\oint_C \frac{e^z dz}{z-2}, C: |z-2|=1$；

2. $\oint_C \frac{dz}{z^2-a^2}, C: |z-a|=a$；

3. $\oint_C \frac{e^{iz} dz}{z^2+1}, C: |z-2i|=\frac{3}{2}$；

4. $\oint_C \frac{dz}{(z^2+1)(z^2+4)}, C: |z|=\frac{3}{2}$;

5. $\oint_C \frac{dz}{\left(z-\frac{i}{2}\right)(z+2)}, C: |z|=1$.

二、计算下列积分.

1. $\oint_C \left(\frac{4}{z+1}+\frac{3}{z+2\mathrm{i}}\right)\mathrm{d}z$，其中 $C:|z|=4$ 取正向；

2. $\oint_C \frac{2\mathrm{i}}{z^2+1}\mathrm{d}z$，其中 $C:|z-1|=6$ 取正向；

3. $\oint_C \frac{dz}{z-i}$，其中 C 为以 $\pm\frac{1}{2}$，$\pm\frac{6}{5}i$ 为顶点的正向菱形.

三、设 $f(z)$ 在区域 D 内解析，C 为 D 内任意一条正向简单闭曲线，证明：对在 D 内但不在 C 上的任意一点 z_0，等式

$$\oint_C \frac{f'(z)}{z-z_0}dz=\oint_C \frac{f(z)}{(z-z_0)^2}dz$$

成立.

班级________________ 姓名________________ 学号________________

习题 3.6 解析函数的高阶导数

一、沿指定曲线的正向计算下列各积分.

1. $\oint_C \frac{\sin z\,dz}{\left(z-\frac{\pi}{2}\right)^2}$, $C:|z|=2$；

2. $\oint_C \frac{e^z\,dz}{z^5}$, $C:|z|=1$；

3. $\oint_C \frac{e^z dz}{(z-a)^3}$，其中 a 为满足 $|a| \neq 1$ 的任何复数，$C: |z|=1$ 取正向.

班级________________ 姓名________________ 学号________________

习题 3.7　解析函数与调和函数的关系

一、由下列各已知调和函数求解析函数 $f(z)=u+\mathrm{i}v$.

1. $u=(x-y)(x^2+4xy+y^2)$；

2. $v=\frac{y}{x^2+y^2}$, $f(2)=0$.

班级________________ 姓名________________ 学号________________

二、设 $v=\mathrm{e}^{px}\sin y$，求 p 的值使 v 为调和函数，并求出解析函数 $f(z)=u+\mathrm{i}v$.

三、如果 $f(z)=u+\mathrm{i}v$ 是解析函数，试证：

1. $\overline{\mathrm{i}\overline{f(z)}}$ 也是解析函数；

2. $-u$ 是 v 的共轭调和函数；

3. $\dfrac{\partial^2|f(z)|^2}{\partial x^2}+\dfrac{\partial^2|f(z)|^2}{\partial y^2}=4(u_x^2+v_x^2)=4|f'(z)|^2$.

班级________________ 姓名________________ 学号________________

第三章习题课

一、填空题.

1. 设函数 $f(z)$在单连通区域 D 内解析,C 是 D 内一条正向简单闭曲线,ξ 在 C 的外部,则积分$\oint_C \frac{f(z)}{z-\xi}\mathrm{d}z=$____________.

2. 设函数 $f(z)$在单连通区域 D 内解析,C 是 D 内一条正向简单闭曲线,ξ 在 C 的内部,则积分$\oint_C \frac{f(z)}{z-\xi}\mathrm{d}z=$____________.

3. 若函数 $f(z)$在正向简单闭曲线 C 所包围的区域 D 内解析,在 C 上连续,且 $z=a$ 为 D 内任一点,n 为正整数,则积分$\oint_C \frac{f(z)}{(z-a)^{n+1}}\mathrm{d}z=$____________.

二、计算下列各题.

1. 设 C 为正向圆周$|\xi|=2$,$f(z)=\oint_C \frac{\sin\frac{\pi}{3}\zeta}{\zeta-z}\mathrm{d}\zeta$,其中$|z|<2$,试计算 $f'(1)$;

2. $\oint_{C=C_1+C_2} \frac{\cos z}{z^3} \mathrm{d}z$，其中 C_1：$|z|=2$ 取正向，C_2：$|z|=3$ 取负向；

3. $\oint_{C} \frac{\sin z}{z} \mathrm{d}z$，$C$：$|z|=1$；

4. $\oint_C \frac{1}{z(z+1)^2}\mathrm{d}z$，其中 $C:|z|=2$ 取正向；

5. 设 $f(z)=z\cos z$，计算积分 $\int_0^{\mathrm{i}} f(z)\mathrm{d}z$；

6. 已知 $v(x,y)=\arctan\dfrac{y}{x}$，求解析函数 $f(z)=u+\mathrm{i}v$，使得 $f(1)=0$.

班级________________ 姓名________________ 学号________________

第四章　级数

习题 4.1　复数项级数

一、下列数列$\{a_n\}$是否收敛？如果收敛，求出它们的极限.

1. $a_n=\dfrac{1+n\mathrm{i}}{1-n\mathrm{i}}$；

2. $a_n=(-1)^n+\dfrac{\mathrm{i}}{n+1}$；

3. $a_n = e^{\frac{-n\pi i}{2}}$;

4. $a_n = \frac{1}{n} e^{\frac{-n\pi i}{2}}$.

二、判断下列级数的绝对收敛性与条件收敛性.

1. $\sum\limits_{n=2}^{\infty}\frac{\mathrm{i}^n}{\ln n}$;

2. $\sum\limits_{n=1}^{\infty}\frac{\cos \mathrm{i}n}{2^n}$.

习题 4.2　函数项级数

一、求下列幂级数的收敛半径.

1. $\sum_{n=1}^{\infty}(1+\mathrm{i})^n z^n$；

2. $\sum_{n=1}^{\infty}\mathrm{e}^{\frac{\pi\mathrm{i}}{n}}z^n$；

3. $\sum_{n=1}^{\infty}\left(\frac{z}{\ln \mathrm{i}n}\right)^n$.

二、把下列各函数展开成 z 的幂级数,并指出它们的收敛半径.

1. $\dfrac{1}{(1+z^2)^2}$;

2. $e^{z^2}\sin z^2$.

班级________________ 姓名________________ 学号________________

习题 4.3 泰勒级数

一、求下列各函数在指定点 z_0 处的泰勒展开式,并指出它们的收敛半径.

1. $\dfrac{z}{(z+1)(z+2)}$,$z_0=2$;

2. $\dfrac{1}{4-3z}, z_0=1+\mathrm{i}$;

3. $\arctan z, z_0=\frac{\pi}{4}$.

习题 4.4　洛朗级数

一、将函数 $f(z)=\dfrac{1}{(z-2)(1+z^2)}$ 在区域 $1<|z|<2$ 内展开成洛朗级数.

班级________________ 姓名________________ 学号________________

二、将函数 $f(z)=\dfrac{1}{z(1-z)^2}$ 在区域 $0<|z|<1$, $0<|z-1|<1$ 内展开成洛朗级数.

三、将函数 $f(z)=\dfrac{1}{(z-2)(z-1)}$ 在区域 $0<|z-1|<1$，$1<|z-2|<+\infty$ 内展开成洛朗级数.

班级________ 姓名________ 学号________

第四章习题课

一、判断下列级数是否收敛.

1. $\sum\limits_{n=1}^{\infty}\left(\frac{1}{2n^2}+\frac{\mathrm{i}}{n^{\frac{3}{2}}}\right)$;

2. $\sum\limits_{n=1}^{\infty}\frac{1+\mathrm{i}^{2n+1}}{3n}$.

二、判断下列级数的绝对收敛性与条件收敛性.

1. $\sum_{n=1}^{\infty}\left[\frac{(-1)^n}{n}+\frac{\mathrm{i}}{2^n}\right]$;

2. $\sum_{n=1}^{\infty}\frac{(8\mathrm{i})^n}{n!}$.

三、求下列幂级数的收敛半径.

1. $\sum\limits_{n=0}^{\infty} \frac{z^n}{n!}$;

2. $\sum\limits_{n=0}^{\infty} \frac{nz^n}{2^n}$.

四、把下列各函数在指定点展开成幂级数，并指出它们的收敛半径.

1. $\frac{1}{1+z^3}, z=0$；

2. $\frac{z}{(z+1)(z+2)}, z=2$.

班级________________ 姓名________________ 学号________________

五、将函数 $f(z)=\dfrac{1}{(z-2)(z-3)}$ 在区域(1) $0<|z|<2$;(2) $2<|z|<3$;(3) $3<|z|<+\infty$ 内展开成洛朗级数.

六、求函数 $f(z)=\dfrac{1}{z(z-1)}$在 $z=0$ 和 $z=1$ 处的去心邻域内的洛朗级数.

第五章 留数理论及其应用

习题 5.1 孤立奇点

一、下列函数有哪些奇点？如果是极点，指出它的级.

1. $\dfrac{1}{z(z^2+1)^2}$;

2. $\dfrac{\sin z}{z^3}$;

3. $\dfrac{\ln(z+1)}{z}$;

4. $e^{\frac{1}{z-1}}$.

二、$z=0$ 是函数$(\sin z+\text{sh}\, z-2z)^{-2}$的几级极点？

班级________________ 姓名________________ 学号________________

习题 5.2 留数

一、求下列各函数 $f(z)$ 在有限奇点处的留数.

1. $\dfrac{z+1}{z^2-2z}$;

2. $\cos\dfrac{1}{1-z}$.

二、计算下列各积分(利用留数,圆周均取正向).

1. $\displaystyle\oint_{|z|=\frac{3}{2}}\frac{\sin z}{z}\mathrm{d}z$;

2. $\oint_{|z|=\frac{3}{2}} \frac{1-\cos z}{z^m} dz$(其中 m 为整数).

* 三、判断 $z=\infty$是函数 $e^{\frac{1}{z^2}}$的什么奇点,并求出在∞的留数.

* 四、设 $f(z)=\frac{e^z}{z^2-1}$,求 $\text{Res}[f(z),\infty]$的值.

习题 5.3 利用留数计算定积分

*一、计算 $I=\int_0^{2\pi}\frac{\cos 2\theta}{1-2p\cos\theta+p^2}\mathrm{d}\theta\ (0<p<1)$ 的值.

* 二、计算积分 $I=\int_{-\infty}^{+\infty}\frac{x^2}{(x^2+a^2)(x^2+b^2)}\mathrm{d}x\ (a>0,b>0)$的值.

*三、计算 $I=\int_{0}^{+\infty}\frac{x\sin x}{x^2+a^2}dx$ $(a>0)$的值.

* 四、计算积分 $I=\int_0^{+\infty}\frac{\sin x}{x}\mathrm{d}x$ 的值.

班级________________ 姓名________________ 学号________________

习题 5.4　对数留数与辐角原理

*一、试证方程 $a_0z^n+a_1z^{n-1}+\cdots+a_{n-1}z+a_n=0(a_0\neq 0)$ 有 n 个根.

*二、求函数 $f(z)=\dfrac{1+z^2}{1-\cos 2\pi z}$ 关于圆周 $|z|=\pi$ 的对数留数.

班级______________ 姓名______________ 学号______________

第五章习题课

一、下列函数有哪些奇点？如果是极点，指出它的级.

1. $\dfrac{1}{z^3-z^2-z+1}$;

2. $\dfrac{z}{(1+z^2)(1+e^{\pi z})}$.

二、求下列各函数 $f(z)$在有限奇点处的留数.

1. $\dfrac{1-e^{2z}}{z^4}$;

2. $z^2\sin\dfrac{1}{z}$.

三、计算下列各积分(利用留数,圆周均取正向).

1. $\oint_{|z|=2} \frac{e^{2z}}{(z-1)^2} dz$;

2. $\oint_{|z|=3} \tan \pi z \, dz$.

* 四、判断 $z=\infty$ 是函数 $\cos z-\sin z$ 的什么奇点，并求出在 ∞ 的留数.

* 五、设 $f(z)=\dfrac{1}{z(z+1)^4(z-4)}$，求 $\mathrm{Res}[f(z),\infty]$ 的值.

*六、计算 $I=\int_0^{2\pi}\frac{1}{5+3\sin\theta}\mathrm{d}\theta$ 的值.

*七、计算 $I=\int_{-\infty}^{+\infty}\frac{1}{(1+x^2)^2}\mathrm{d}x$ 的值.

* 八、计算 $I=\int_{0}^{+\infty}\frac{x^{2}}{1+x^{4}}dx$ 的值.

*九、试证：当$|a|>e$时，方程$e^z-az^n=0$在单位圆$|z|=1$内有n个根.

*十、证明：$\int_{0}^{+\infty} \sin x^2 \mathrm{d}x = \int_{0}^{+\infty} \cos x^2 \mathrm{d}x = \frac{1}{2}\sqrt{\frac{\pi}{2}}$.$\left(已知 \int_{0}^{+\infty} \mathrm{e}^{-x^2} \mathrm{d}x = \frac{\sqrt{\pi}}{2}\right)$

班级________ 姓名________ 学号________

复习题一

（总分 100 分）

一、选择题（每小题 3 分，共 18 分）

1. $z=1$ 是函数 $f(z)=\dfrac{\tan(z-1)}{z-1}$ 的（　　）.

(A) 极点　　(B) 本性奇点

(C) 可去奇点　　(D) 一级零点

2. 解析函数 $f(z)=u(x,y)+\mathrm{i}v(x,y)$ 的导函数为（　　）.

(A) $f'(z)=u_x+\mathrm{i}u_y$　　(B) $f'(z)=u_x-\mathrm{i}u_y$

(C) $f'(z)=u_x+\mathrm{i}v_y$　　(D) $f'(z)=u_y+\mathrm{i}v_x$

3. 设复数 $z=1+\cos\dfrac{\pi}{3}+\mathrm{i}\sin\dfrac{\pi}{3}$，则 $\arg z=$（　　）.

(A) $-\dfrac{\pi}{3}$　　(B) $\dfrac{2\pi}{3}$

(C) $\dfrac{\pi}{3}$　　(D) $\dfrac{\pi}{6}$

4. 设 $f(z)=\dfrac{\mathrm{e}^z}{z(z-2)}$ 的洛朗级数展开式为 $\sum\limits_{n=-\infty}^{+\infty}c_n z^n$，则它的收敛圆环域为（　　）.

(A) $0<|z|<2$ 或 $2<|z|<+\infty$　　(B) $0<|z-2|<2$ 或 $2<|z-2|<+\infty$

(C) $0<|z-2|<+\infty$　　(D) $0<|z-2|<2$

5. 设 C 为从点 $z=1$ 到点 $z=\mathrm{i}$ 的直线段，则 $\int_C \bar{z}\,\mathrm{d}z=$（　　）.

(A) i　　(B) $-\mathrm{i}$

(C) 0　　(D) 1

6. 设 C 为正向单位圆周 $|z|=1$，则下列积分值为 $2\pi\mathrm{i}$ 的是（　　）.

(A) $\oint_C \sin z\,\mathrm{d}z$　　(B) $\oint_C \dfrac{\sin z}{z}\mathrm{d}z$

(C) $\oint_C \dfrac{\sin z}{z^2}\mathrm{d}z$　　(D) $\oint_C \dfrac{\sin z}{z^3}\mathrm{d}z$

二、填空题(每小题 3 分,共 18 分)

1. $z_1=\frac{1}{2}(1-\sqrt{3}\mathrm{i})$,$z_2=\frac{1}{2}(\sqrt{3}-\mathrm{i})$,则 $z_1+z_2=$________________.

2. 复数 $1+\mathrm{i}$ 的三角表示式为________________.

3. 设 $f(z)$ 在单连通区域 D 内解析且不为零,C 为 D 内任一条简单闭曲线,则 $\oint_C f(z)\mathrm{d}z=$________________.

4. 积分 $\oint_{|z|=\frac{1}{2}}\frac{\cos z}{z-1}\mathrm{d}z=$________________.$\left(|z|=\frac{1}{2}\text{取正向}\right)$

5. 幂级数 $\sum_{n=0}^{\infty}(1+\mathrm{i})^n z^n$ 的收敛半径 $R=$________________.

6. 设 C 为正向圆周 $|z|=\frac{3}{2}$,则 $\oint_C\frac{z^3\cos\frac{1}{z-2}}{z-1}\mathrm{d}z=$________________.

三、计算题(每小题 8 分,共 40 分)

1. 求 $\mathrm{Ln}(-\mathrm{i})$ 以及它的主值.

2. 计算 $I=\oint_C \frac{2z-1}{z^2-z}dz$，其中 C 为 $\frac{x^2}{8}+\frac{y^2}{4}=1$.

3. 计算积分 $\oint_{|z|=2}\frac{z}{1-z}e^{\frac{1}{z}}dz$.

4. 计算 $\operatorname{Res}\left[\frac{z e^{2}}{z^{2}-1}, 1\right]$.

5. 设 $f(z)=\oint_{|\xi|=2} \frac{\sin\left(\frac{\pi}{2}\xi\right)}{\xi-z} d\xi$,其中 $|z| \neq 2$,求函数 $f(z)$ 的表示式,并求 $f'(1)$ 的值.

班级________________ 姓名________________ 学号________________

四、综合题(每小题 12 分,共 24 分)

1. 将函数$\dfrac{1}{z^2(z-\mathrm{i})}$在 $1<|z-\mathrm{i}|<+\infty$内展开成洛朗级数.

2. 已知 $u(x,y)=2(x-1)y$，求解析函数 $f(z)=u+\mathrm{i}v$，使得 $f(2)=\mathrm{i}$.

班级________ 姓名________ 学号________

复习题二

（总分 100 分）

一、选择题（每小题 3 分，共 18 分）

1. 设 $z=x+\mathrm{i}y$，则当 $x<0,y<0$ 且 $x=y$ 时，$\arg z=$（　　）.

(A) $\frac{\pi}{4}$　　(B) $-\frac{\pi}{4}$

(C) $\frac{3\pi}{4}$　　(D) $-\frac{3\pi}{4}$

2. 函数 $f(z)=u(x,y)+\mathrm{i}v(x,y)$ 在区域 D 内解析的一个充要条件是 $u(x,y)$，$v(x,y)$ 在区域 D 内（　　）.

(A) 偏导数存在且满足 C-R 方程　　(B) 偏导数连续且满足 C-R 方程

(C) 可微且满足 C-R 方程　　(D) 为调和函数

3. 设 $f(z)$ 在区域 $D:|z|<2$ 内解析，若 $\oint_{|z-1|=\frac{1}{2}}\frac{f(z)\mathrm{d}z}{(z-1)^n}=\frac{2\pi\mathrm{i}}{2!}f''(1)$，则 $n=$（　　）.

(A) 1　　(B) 2

(C) 3　　(D) 4

4. 判别复数项级数 $\sum_{n=1}^{\infty}\left[\frac{(-1)^n}{n}+\frac{1}{2^n}\mathrm{i}\right]$ 的收敛性，则下列判断正确的是（　　）.

(A) 绝对收敛　　(B) 条件收敛

(C) 发散　　(D) 收敛性根据条件不能确定

5. $z=0$ 为函数 $f(z)=\frac{1}{z^2(\mathrm{e}^{z^2}-1)}$ 的（　　）.

(A) 一级极点　　(B) 二级极点

(C) 三级极点　　(D) 四级极点

6. $\sum_{n=1}^{\infty}\mathrm{i}^n z^n$ 的收敛半径为（　　）.

(A) 0　　(B) 1

(C) 2　　(D) $\frac{1}{2}$

二、填空题(每小题 3 分,共 18 分)

1. $\ln(3-4\mathrm{i})=$________________.

2. $\int_0^{\mathrm{i}} z\cos z\,\mathrm{d}z=$________________.

3. 幂级数 $\sum\limits_{n=1}^{\infty}\dfrac{z^n}{n^p}$ 的收敛半径为________________,其中 p 为正整数.

4. 方程组 $\mathrm{e}^z-1+\sqrt{3}\,\mathrm{i}=0$ 的解为 $z=$________________.

5. 求积分 $\oint_{|z|=\frac{3}{2}}\dfrac{1}{z+1}\mathrm{d}z=$________________.

6. 函数 $\dfrac{1}{2+z}$ 在 $z=0$ 处的泰勒展开式为________________.

三、计算题(每小题 8 分,共 40 分)

1. 求方程 $z^3+8=0$ 的所有根.

2. 计算积分 $\int_C \bar{z}\mathrm{d}z$,其中 C 是从原点 O 到 $1+\mathrm{i}$ 的直线段.

3. 计算 $I=\oint_C \frac{2z-1}{z^2-z}\mathrm{d}z$,其中 C 为$\frac{x^2}{2^2}+\frac{y^2}{1}=1$.

4. 求函数 $z^2\sin\dfrac{1}{z}$ 在孤立奇点处的留数.

5. 确定函数 $\dfrac{z-1}{z(z^2+4)^2}$ 的所有有限孤立奇点及其类型.若是极点,指出它的级.

班级________________ 姓名________________ 学号________________

四、综合题(每小题 12 分,共 24 分)

1. 将函数 $f(z)=\dfrac{z+1}{z^2(z-1)}$ 在圆环域 $0<|z|<1$ 内展开为洛朗级数.

2. 求解析函数 $f(z)=u+\mathrm{i}v$，使其虚部 $v=2xy+3x$，并满足 $f(0)=0$.

班级________ 姓名________ 学号________

复习题三

（总分 100 分）

一、选择题（每小题 3 分，共 18 分）

1. 复数 $z=\dfrac{2\mathrm{i}}{-1+\mathrm{i}}$ 的三角表示式是（　　）.

(A) $\sqrt{2}\left(\cos\dfrac{\pi}{2}+\mathrm{i}\sin\dfrac{\pi}{2}\right)$　　(B) $\sqrt{2}\left[\cos\left(-\dfrac{\pi}{2}\right)+\mathrm{i}\sin\left(-\dfrac{\pi}{2}\right)\right]$

(C) $\sqrt{2}\left(\cos\dfrac{\pi}{4}+\mathrm{i}\sin\dfrac{\pi}{4}\right)$　　(D) $\sqrt{2}\left[\cos\left(-\dfrac{\pi}{4}\right)+\mathrm{i}\sin\left(-\dfrac{\pi}{4}\right)\right]$

2. 方程 $|z-1+2\mathrm{i}|=\sqrt{3}$ 所代表的曲线是（　　）.

(A) 中心为 $1-2\mathrm{i}$，半径为 $\sqrt{3}$ 的圆周　　(B) 中心为 $-1+2\mathrm{i}$，半径为 3 的圆周

(C) 中心为 $-1+2\mathrm{i}$，半径为 $\sqrt{3}$ 的圆周　　(D) 中心为 $1-2\mathrm{i}$，半径为 3 的圆周

3. 若函数 $f(z)=x^3-3xy^2+\mathrm{i}(ax^2y-y^3)$ 在复平面内处处解析，则实常数 $a=$（　　）.

(A) 0　　(B) 1

(C) 2　　(D) 3

4. 设 C 为从原点沿 $y=x^2$ 至 $1+\mathrm{i}$ 的弧段，则 $\int_C z\,\mathrm{d}z=$（　　）.

(A) $-\mathrm{i}$　　(B) i

(C) $1-\dfrac{1}{3}\mathrm{i}$　　(D) $1+\dfrac{1}{3}\mathrm{i}$

5. 下列级数中，为条件收敛的级数是（　　）.

(A) $\sum\limits_{n=1}^{\infty}\left[\dfrac{(-1)^n}{n}+\dfrac{\mathrm{i}}{2^n}\right]$　　(B) $\sum\limits_{n=1}^{\infty}\dfrac{(3+4\mathrm{i})^n}{n!}$

(C) $\sum\limits_{n=1}^{\infty}\left(\dfrac{1+3\mathrm{i}}{2}\right)^n$　　(D) $\sum\limits_{n=1}^{\infty}\dfrac{(-1)^n\mathrm{i}^n}{2^n}$

6. $z=\pm1$ 是函数 $f(z)=\dfrac{(z^2-1)(z-2)^2}{(\sin\pi z)^2}$ 的（　　）.

(A) 可去奇点　　(B) 一级极点

(C) 二级极点　　(D) 本性奇点

二、填空题(每小题 3 分,共 18 分)

1. $(\sqrt{3}+\mathrm{i})^7=$________________.

2. 已知方程组 $\mathrm{e}^z-1-\sqrt{3}\mathrm{i}=0$,则方程组的解为________________.

3. 求 $\int_C z^2\mathrm{d}z=$________________,其中 C 为从原点到 $3+4\mathrm{i}$ 的直线段.

4. 积分 $\oint_{|z|=1}\frac{z\mathrm{e}^z}{z-2}\mathrm{d}z=$________________.($|z|=1$ 取正向)

5. 函数 $\frac{1}{z-3}$ 在 $z=1$ 处的泰勒展开式为________________.

6. 幂级数 $\sum_{n=0}^{\infty}\frac{n}{3^n}z^n$ 的收敛半径 $R=$________________.

三、计算题(每小题 8 分,共 40 分)

1. 计算 Ln(6−8i)及其主值.

2. 计算积分 $I=\int_{2\mathrm{i}}^{-2\mathrm{i}}\frac{|z|}{2}\mathrm{d}z$，积分路径为 $|z|=2$ 的左半圆周.

3. 计算 $I=\oint_{|z|=2}\frac{2\sin z}{(9-z^2)(z^2-1)}\mathrm{d}z$.

4. 利用留数定理计算 $I=\oint_{|z|=2}\frac{\cos z}{z(z+1)^2}\mathrm{d}z$.

5. 确定函数 $f(z)=\frac{\mathrm{e}^z}{(z-1)(z^2+9)^2}$的所有有限孤立奇点及其类型.若是极点，指出它的级.

班级________________ 姓名________________ 学号________________

四、综合题(每题 12 分,共 24 分)

1. 将函数 $f(z)=\dfrac{2z-3}{(z-2)z^2}$在 $0<|z|<2$ 内展开成洛朗级数.

2. 设 $v=2\ln(x^2+y^2)$，验证 v 是调和函数，并求解析函数 $f(z)=u+\mathrm{i}v$，使得 $f(1)=0$.